BEI GRIN MACHT SICH IHR WISSEN BEZAHLT

AF130143

- Wir veröffentlichen Ihre Hausarbeit,
  Bachelor- und Masterarbeit

- Ihr eigenes eBook und Buch -
  weltweit in allen wichtigen Shops

- Verdienen Sie an jedem Verkauf

Jetzt bei www.GRIN.com hochladen und kostenlos publizieren

Bibliografische Information der Deutschen Nationalbibliothek:

Die Deutsche Bibliothek verzeichnet diese Publikation in der Deutschen National-
bibliografie; detaillierte bibliografische Daten sind im Internet über http://dnb.d-
nb.de/ abrufbar.

Impressum:

Copyright © 2015 GRIN Verlag, Open Publishing GmbH
Druck und Bindung: Books on Demand GmbH, Norderstedt Germany
ISBN: 978-3-668-02009-2

Dieses Buch bei GRIN:

http://www.grin.com/de/e-book/303362/kontexte-als-didaktische-problemloesungs-
instanz-im-naturwissenschaftlichen

Nadine Rattey

Kontexte als didaktische Problemlösungsinstanz im naturwissenschaftlichen Unterricht

Der chemische Fachunterricht angehender Friseurinnen und Friseure

GRIN Verlag

Universität Duisburg – Essen

Institut für Didaktik der Chemie

Fachgebiet Forschung und Lehre

Modul Fachdidaktik II Biotechnik

Wintersemester 2014/2015

Kontextmerkmale in naturwissenschaftlichen Lern- und Leistungsaufgaben

Ein Ansatz der Übertragung einer didaktischen Theorie des rein naturwissenschaftlichen Unterrichts auf den chemischen Fachunterricht angehender Friseurinnen und Friseure

Nadine Rattey

Inhaltsverzeichnis

Einleitung: Kontexte als Problemlösungsinstanz naturwissenschaftlichen Unterrichts

Kontexte können im Rahmen der Sekundarstufen I & II als außerfachliche Situationen zur Erarbeitung naturwissenschaftlicher Fachinhalte angesehen werden und sollen bei der Problemlösung von traditionellen naturwissenschaftlichen Unterrichtsansätzen als Hilfestellung dienen (Bennett, 2003). So belegen Studien, dass an allgemeinbildenden Schulen, die dem traditionellen naturwissenschaftlichen Unterrichtsansatz folgen, hauptsächlich Schwierigkeiten bezüglich des Schülerinteresses und kognitiver Zusammenhänge vorherrschen (Fechner & Kauertz, 2013). Auch Gilbert (2006) kritisiert diesbezüglich, es würden anstelle von Zusammenhängen und Wissensanwendung lediglich isolierte Fakten in den Vordergrund gestellt werden. Daher ist es nicht verwunderlich, dass das Fach Chemie zu einem der unbeliebtesten Unterrichtsfächer zählt (Merzyn, 2008). Um diesen Missständen zu entgegnen, haben es sich Unterrichtsprojekte, wie beispielsweise *Chemie im Kontext,* zum Ziel gemacht, den Alltag und die Erfahrungen der Schülerinnen und Schüler als Lerngrundlage zu nutzen (Bennett, Gräsel, Parchmann & Waddington, 2005). Neben außerschulischen Rahmenbedingungen und der Klassenraumsituation existiert eine Aufgaben-Ebene schulischen Lernens (Finkelstein, 2005). Die letztgenannte Ebene ist Gegenstand dieser Arbeit. Es soll geklärt werden, ob die genannten Probleme auch bei der Anwendung naturwissenschaftlicher Fachinhalte auf Aufgabenstellungen im Lehrbuch für angehende Friseurinnen und Friseure im Berufsschulunterricht bestehen könnten.

Die vorliegende Arbeit beschäftigt sich daher mit den Merkmalen von Kontexten naturwissenschaftlicher beziehungsweise chemischer Fachinhalte des Berufsschulunterrichts für angehende Friseurinnen und Friseure und ihrer Ausprägung in Lern- und Leistungsaufgaben im Fachbuch. Hierfür wird im ersten Teil dieser Arbeit der theoretische Rahmen aufgezeigt und erläutert, indem zunächst das *Ausgangsmodell einer naturwissenschaftlichen Aufgabe im Kontext* vorgestellt wird. Darauf aufbauend wird das *Rahmenmodell zur Charakterisierung und Systematisierung von Kontexten* eingeführt und seine einzelnen Elemente, speziell auf der Ebene der Kontextmerkmale, eingehend erläutert. Die Auswirkungen und Zusammenhänge der Kontextmerkmale auf affektiven Variablen, im Besonderen das Interesse der Schülerinnen und Schüler, bilden einen weiteren, nicht unerheblichen Aspekt dieser Ausarbeitung und dienen der Untermauerung der Theorie.

Im Anschluss an die Theorie der Kontextmerkmale beschäftigt sich diese Arbeit mit der Anwendung derselben in der Praxis. Hierfür wird zunächst der Aufbau der Aufgabenstellungen in der neuesten Auflage des Lehrbuchs „Salon 3000" vorgestellt, um anschließend eine Überprüfung der im Theorieteil vorgestellten Kontextmerkmale anhand einer Beispielaufgabe durchzuführen. Vor dem Hintergrund des beruflich bedingten Realitätsbezugs der Berufsschülerinnen und -schüler soll überprüft werden, ob und inwieweit die für den Aufbau von Schülerinteresse notwendigen Kontextmerkmale in der Beispielaufgabe zu finden sind.

Im Fazit wird die praktische Umsetzung der Theorie im Fachbuch kritisch reflektiert. Gelungene Ansätze der Implementierung von Kontextmerkmalen sowie jene mit Verbesserungspotenzial werden aufgezeigt und ein idealisierter Ausblick hinsichtlich optimaler Kontexte für naturwissenschaftliche Aufgaben im Berufsschulunterricht des dualen Systems der Berufsausbildung wird gestellt.

Zur Theorie von Kontextmerkmalen

Kontexte als solche beschreiben „eine Verflechtung von fachlichen Inhalten und Zugängen, die üblicherweise aus nichtfachlicher Sicht betrachtet werden" (van Vorst, Dorschu, Fechner, Fischer, Kauertz & Sumfleth, 2014, S. 2). Diese Kontexte werden in Lern- und Leistungsaufgaben mit naturwissenschaftlichen Fachinhalten im Idealfall durch Situationen beschrieben, welche mit ebendiesen Fachinhalten in Beziehung stehen, also nicht separat betrachtet werden. Die im Kontext beschriebene Situation und der Fachinhalt bedingen sich somit wechselseitig und üben einen nicht unerheblichen Einfluss auf den Lernprozess von Schülerinnen und Schüler aus (van Vorst et al., 2014). Im folgenden theoretischen Hauptteil dieser Arbeit werden die konkreten Merkmale von Lern- und Leistungsaufgaben im naturwissenschaftlichen Kontext behandelt.

Das Ausgangsmodell einer Aufgabe im Kontext

Da in dieser Arbeit ein besonderes Augenmerk auf Aufgaben im Kontext und ihre Merkmale gelegt werden soll, wird zunächst das *Ausgangsmodell einer Aufgabe im Kontext* aus einem Aufsatz von Fechner und Kauertz (2013) als Bezugssystem herangezogen. Es soll an dieser Stelle einen ersten Überblick   über   die Wechselwirkungen   zwischen den Aufgabenkontexten   und   -inhalten   und   der Schülerebene geben. Das *Ausgangsmodell   einer Aufgabe im Kontext*   kann   in   drei Merkmals- bzw. Interaktionsebenen untergliedert werden:

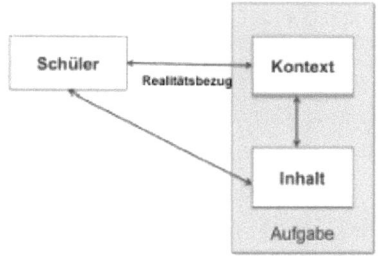

Abb. 1: Ausgangsmodell einer Aufgabe im   Kontext (Fechner & Kauertz, 2013, S. 308)

1. Schülermerkmale (links)

2. Kontextmerkmale (rechts)

3. Interaktion zwischen Schüler- und Kontextebene (van Vorst et al., 2014).

Diese drei Ebenen lassen sich nach van Vorst et al. als

"Merkmale auf Seiten der Schülerinnen und Schüler, des Kontexts und der Interaktion zwischen Schüler und Kontext beschreiben, die miteinander in Beziehung stehen. Merkmale auf Seiten der Schülerinnen und Schüler sind Glaubwürdigkeit, Häufigkeit, Unmittelbarkeit und die Aktualität der Erfahrung, die mit dem Kontext verbunden ist. Merkmale des Kontextes sind Komplexität, Darstellungsform sowie Häufigkeit, Unmittelbarkeit und Aktualität der Situation, die der Kontext schildert und die von hinreichend großen gesellschaftlichen Gruppen geteilt wird" (van Vorst et al., 2014, S. 9).

Im folgenden Unterkapitel wird das *Ausgangsmodell einer Aufgabe im Kontext* inklusive aller letztgenannter Begrifflichkeiten in ein größeres Bezugssystem, das *Rahmenmodell zur Charakterisierung und Systematisierung von Kontexten* (Fechner & Kauertz, 2013), eingebettet.

Das Rahmenmodell zur Charakterisierung und Systematisierung von Kontexten

Um das Bild rund um die genannten Merkmale und ihrer Interaktionen zu komplettieren, wird an dieser Stelle das *Rahmenmodell zur Charakterisierung und Systematisierung von Kontexten* dargestellt, welches laut van Vorst et al. das Fundament bilden kann, „um Leitlinien für die Auswahl und Gestaltung möglichst optimaler Kontexte für den naturwissenschaftlichen Unterricht zu entwickeln" (van Vorst et al., 2014, S. 9):

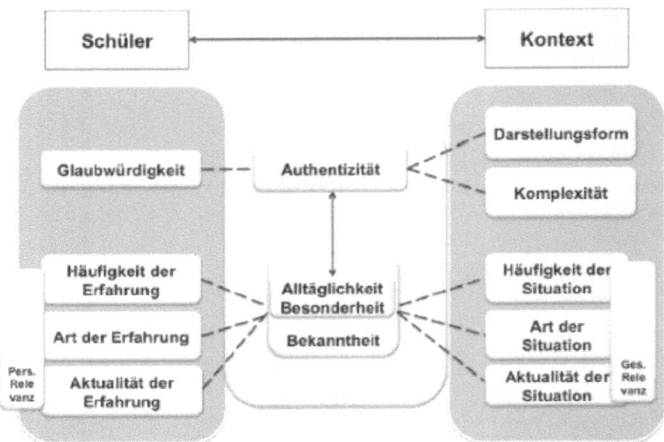

Abb. 2: Rahmenmodell zur Charakterisierung und Systematisierung von   Kontexten (Fechner & Kauertz, 2013, S. 309)

Im Folgenden wird ein besonderer Fokus auf die rechte Seite des Schaubildes, also die Ebene der Kontextmerkmale, gelegt, um im anschließenden praxisbezogenen Teil dieser Arbeit eine Überprüfung der Kontextmerkmale anhand einer Beispielaufgabe durchführen zu können. Jedoch kann die Kontextebene des obigen Rahmenmodells selbstverständlich nicht isoliert betrachtet werden. Aus diesem Grunde wird in den folgenden Unterkapiteln immer wieder Bezug auf die Auswirkungen der Kontextmerkmale auf die linke Seite der Abbildung, also auf die Lerner Seite, genommen.

Authentizität: Darstellungsform und Komplexität

Das erste der zwei „Hauptmerkmale" (Fechner & Kauertz, 2013) des Schaubildes bildet die *Authentizität* von Kontexten. Mittig angeordnet liegt nahe, dass der Begriff einen nicht unerheblichen Bezug zwischen der Kontextebene (rechts) und der Schülerebene (links) herstellen muss. Authentizität ist laut Duden (2000) mit dem Wort „Echtheit" synonym. Diese Echtheit bezieht sich in der Kontextebene einerseits auf die *Darstellungsform* und andererseits auf die *Komplexität* des verwendeten Kontextes.

Auf der Seite der Lernenden bestimmt die Ausprägung der Kontextmerkmale dessen *Glaubwürdigkeit*. „Erst wenn Schülerinnen und Schüler die Existenz eines Gegenstandes oder einer Situation des Kontextes für möglich und damit für glaubwürdig halten, wird dieser Kontext für sie authentisch" (van Vorst et al., 2014, S. 4). Die Authentizität der Darstellungsform eines Kontextes und seine Komplexität münden also in der Glaubwürdigkeit desselben von Seiten der Lerner.

Die *Darstellungsform* eines Kontextes beschreibt die Art der Herangehensweise an einen Kontext. Eine empirische Untersuchung von Kuhn (2010) konnte in diesem Zusammenhang herausstellen, „dass die Darstellungsform einen signifikanten Einfluss auf die wahrgenommene Authentizität des Materials hat und zudem die Motivation und Lernleistung der Schülerinnen und Schüler positiv beeinflusst" (van Vorst et al., 2014, S. 5). Ein Beispiel für authentische Darstellungsformen von Kontexten wären Inhalte und Aufgabenstellungen in Form von Zeitungsartikeln, also Kontexte, die über *publizistische Medien* an die Lernenden herangetragen werden (van Vorst et al., 2014). Fechner & Kauertz (2013) nennen als weiteres Beispiel für die Darstellungsform eines

Kontexts eine „erzählte Geschichte" (Fechner & Kauertz, 2013, S. 309).

Die *Komplexität* eines Kontextes bezieht sich erstens auf Aufgabenstellungen, welche ein diffiziles Problem innehaben, das es über mehrere miteinander *vernetzte Teilprobleme* zu lösen gilt. Zweitens sind die Lernenden dazu angehalten, einen geeigneten *Weg zur Lösung* der Aufgabe zu erarbeiten, beziehungsweise auszuwählen. Als dritter Faktor der Beeinflussung der Komplexität eines Kontextes ist die Dichte an Kontextinformationen zu nennen. Je nach Grad der gegebenen *Informationsdichte* wird demnach die Lösung der Aufgabe entweder erschwert oder erleichtert. Die Glaubwürdigkeit des Kontextes kann jedoch aufgrund einer allzu komplexen Aufgabenstellung und einer damit einhergehenden Überforderung auf der Schülerebene untergraben werden (van Vorst et al., 2014).

Bekanntheit: Art, Aktualität und Häufigkeit

Neben der *Authentizität* als erstes Hauptmerkmal von Kontexten bildet die *Bekanntheit* eines Kontextes das zweite Hauptmerkmal. Da auch dieser Begriff in der Mitte des Schaubildes angesiedelt ist, steht die Bekanntheit eines Kontextes abermals in Interaktion mit der Lerner Seite. Die Bekanntheit eines Kontextes lässt sich entweder als alltäglich oder besonders einstufen.

Kontexte der *Alltäglichkeit* können bezüglich der *Art* der Situation bzw. des Erlebten als „Primärerfahrungen" des Alltags der Schülerinnen und Schüler bezeichnet werden und basieren hinsichtlich der *Häufigkeit* der Situation bzw. des Erlebten auf dem immer Wiederkehrenden, dem Bekannten. Sie haben dementsprechend einen starken alltäglichen Bezug und beeinflussen das persönliche und soziale Umfeld der Lerner (van Vorst et al., 2014). Bei angehenden Friseurinnen und Friseuren kann diese Alltäglichkeit, anders als bei Lernern der Sekundarstufen I & II, auf das Berufsleben bezogen werden. So ist es möglich, beispielsweise das Haare Färben und Blondieren zu kontextualisieren, welches im zweiten Ausbildungsjahr des Berufsschulunterrichts thematisiert wird (Ministerium für Schule und Weiterbildung des Landes Nordrhein-Westfalen, 2010) und somit im Verlauf der Ausbildung an *Aktualität* gewinnt. Während es sich beim Haare färben und blondieren um Handlungen dreht, können ebenso gut kontextualisierbare Gegenstände natürlicher und technischer Art herangezogen werden (van Vorst et al., 2014). Im Friseurkontext wäre ein natürliches Element beispielsweise das Haar. Als technischer Gegenstand zur Kontextualisierung hingegen könnte der Föhn als Ausgangspunkt dienen, um chemische Fachinhalte in Aufgabenstellungen in einen Bezugsrahmen zu setzen.

Kontexte der *Besonderheit* hingegen beschreiben das Außeralltägliche. Sie finden bezüglich der *Häufigkeit* der Situation bzw. des Erlebten nur selten in dem Umfeld der Lerner statt und können daher hinsichtlich der *Art* der Situation bzw. des Erlebten als „Sekundärerfahrungen" bezeichnet werden (van Vorst et al., 2014). Hierbei können beispielsweise nicht-routinierte Handlungen oder unbekannte Gegenstände behandelt werden. Ebenso kann es sich um aktuelle Ereignisse mit Medienpräsenz handeln, welche laut van Vorst, Fechner und Sumfleth (2013) den Bekanntheitsgrad sowie den Grad der Besonderheit des thematisierten Kontextes erhöhen. Im Rahmenmodell sind diese Merkmale auf Ebene der *Aktualität* der Situation bzw. des Erlebten einzuordnen.

Die Korrelation zwischen den beiden Hauptmerkmalen kann als konträrer Knotenpunkt einer Skala zur Bestimmung der Bekanntheit eines Kontextes angesehen werden. Sie sind demgemäß mit dem Merkmal der Authentizität logisch verknüpft (van Vorst et al., 2014).

> „Haben Schülerinnen und Schüler viele und unmittelbare Erfahrungen mit einem Kontext, können sie auch dessen Glaubwürdigkeit besser einschätzen. Umgekehrt führt ein authentischer Kontext […] dazu, dass sie ihre Erfahrungen leichter anbinden können. Häufige und unmittelbar erfahrbare Kontexte haben meist auch eine bereits allgemein bekannte Darstellungsform   und eine Komplexität, die als vertraut gelten kann, sodass sie leichter als authentisch eingeschätzt werden können" (van Vorst et al., 2014, S. 6).

Die Kontextmerkmale der *Häufigkeit*, der *Art* sowie der *Aktualität* der Situation sind also als maßgebliche Faktoren zur Bestimmung der individuellen Bekanntheit und somit gleichzeitig der persönlichen Erfahrung und Relevanz auf der Schülerebene festzuhalten. Je mehr Erfahrung mit einem Kontext gemacht wurde und je authentischer dieser für die Lerner ist, desto mehr gewinnt er folglich an Glaubwürdigkeit. Dies wiederum kann zu einem gesteigerten Interesse und letztlich im Idealfall zu einer Lernleistungsverbesserung führen (van Vorst, Fechner & Sumfleth, 2013).

Zwischenbilanz

Im theoretischen Teil dieser Arbeit wurden die Merkmale von Kontexten in naturwissenschaftlichen Aufgaben auf der Grundlage des *Rahmenmodells zur Charakterisierung und Systematisierung von Kontexten* dargestellt, erläutert und in Beziehung zueinander gesetzt. Wichtige Kontextmerkmale von Aufgaben sind:

- *Komplexität,*

- *Darstellungsform,*

- *Häufigkeit,*

- *Art* und

- *Aktualität* einer Situation.

Als Basis dieser Merkmale wurden die zentralen Pole der Interaktion zwischen Schülerinnen und Schülern und dem **Kontext** erläutert. Sie lauten:

- *Authentizität* und

- *Bekanntheit.*

Eine Darstellungsform mit Bezug zur Realität und einer nicht allzu hohen Komplexität des Kontexts soll im naturwissenschaftlichen Unterricht dazu beitragen, die Authentizität und zudem Glaubwürdigkeit seitens der Lerner zu erhöhen.

Im nun folgenden Praxisteil dieser Arbeit sollen die Kontextmerkmale von Aufgabenstellungen des rein naturwissenschaftlichen Unterrichts auf den chemischen Fachunterricht angehender Friseurinnen und Friseure übertragen werden, indem anhand einer Beispielaufgabe aus dem Lehrbuch „Salon 3000" (Ausfelder, Busch, Hoffmann, Klockler & Maaß, 2010) alle oben genannten Merkmale überprüft werden.

Von der Theorie zur Berufsschulpraxis

In diesem Teil der Arbeit werden zunächst der generelle Aufbau und die Struktur der Aufgabenstellungen der neuesten Auflage des Lehrbuchs „Salon 3000" (Ausfelder, et al., 2010) für den Einsatz im Berufsschulunterricht angehender Friseurinnen und Friseure vorgestellt. Anschließend wird vor dem Hintergrund des beruflich bedingten Realitätsbezugs der Berufsschülerinnen und -schüler eine Beispielaufgabe in das Bezugsrahmenmodell von Kontextmerkmalen eingeordnet. Hierbei gilt es zu überprüfen, inwieweit die für den Aufbau von Schülerinteresse und -motivation notwendigen Kontextmerkmale in der Beispielaufgabe auszumachen sind.

Das Lehrwerk „Salon 3000"

Das Lehrwerk „Salon 3000" in seiner neuesten Auflage (Ausfelder et al., 2010) besteht aus zwei Teilen und richtet sich somit nach den Standards und Zielsetzungen der Ständigen Konferenz der Kultusminister der Länder in der Bundesrepublik Deutschland (KMK), indem es im ersten Teil zunächst die Grundbildung für Friseurinnen und Friseure anhand der ersten 5 von insgesamt 13 aufeinander aufbauenden Lernfeldern vermittelt. Der zweite Teil baut mit den Lernfeldern 6 bis 13 auf dieser Grundbildung auf und vertieft bzw. erweitert sie inhaltlich. Im Rahmenlehrplan für das Berufskolleg in Nordrhein-Westfalen für angehende Friseurinnen und Friseure heißt es diesbezüglich:

> „Aufgabe des berufsbezogenen Unterrichts der Berufsschule ist es, den Schülern und Schülerinnen den Erwerb einer ganzheitlichen beruflichen Handlungskompetenz zu ermöglichen. Daher sind im Rahmenlehrplan die Lernfelder sowie deren Ziele und Inhalte konsequent aus beruflichen Handlungssituationen des Friseurhandwerks abgeleitet" (Ministerium für Schule und Weiterbildung des Landes Nordrhein-Westfalen, 2010, S. 25).

An genau dieser Aufgabe des berufsbezogenen Unterrichts der Berufsschule knüpft das Lehrwerk an. Im Vorwort des zweiten Teils deklariert das Autorenteam hierzu:

> „Salon 3000-Fachbildung wurde auf der Grundlage des neuen Rahmenlehrplans entwickelt. Die Inhalte der Lernfelder 6-13 sind gemäß den neuen Vorgaben strukturiert und in einer sinnvollen Reihenfolge anschaulich und verständlich erklärt. [...] Am Ende jedes Lernfeldes finden sich prüfungsrelevante Wiederholungs- und Projektaufgaben" (Ausfelder et al., 2010, Vorwort).

Ebendiese Aufgaben am Ende jedes Lernfeldes erstrecken sich mit jeweils 7 bis 11 Fragen über eine ganze Buchseite. Hiervon wird im Folgenden eine Aufgabe aus dem zweiten Teil des Lehrwerks genauer betrachtet.

Überprüfung der Kontextmerkmale anhand einer Beispielaufgabe aus „Salon 3000"

Aufgrund der naturwissenschaftlichen Thematik dieser Ausarbeitung und ihrer bereits beschriebenen Problematik beschäftigt sich die folgende Beispielaufgabe mit dem berufsbezogenen, naturwissenschaftlich geprägten Lernbereich der „Farb- und Formveränderung" von Haaren. Dieser Lernbereich wird im zweiten Ausbildungsjahr gelehrt und vermittelt die Fachinhalte der Lernfelder 7 („Haare dauerhaft umformen") und 9 („Haare färben und blondieren") und erfordert bzw. vermittelt Kenntnisse über chemische Prozesse. Die ausgewählte Beispielaufgabe bezieht sich auf das Lernfeld 9: „Haare färben und blondieren" (vgl. Ministerium für Schule und Weiterbildung des Landes Nordrhein-Westfalen, 2010).

Die Beispielaufgabe

Mit einer oxidativen Haarfarbe, einer Hellerfärbung und einer Blondierung kann das Haar aufgehellt werden.
a) Erläutern Sie, wann Sie sich für welches Präparat entscheiden würden.
b) Warum ist eine Hellerfärbung schonender für das Haar als eine Blondierung?
c) Erläutern Sie, was bei der Aufhellung mit einer Blondierung im Haar passiert.
d) Warum kann es nach einer Blondierung zu einem gelb-orange Stich im Haar kommen?
e) Wie korrigieren Sie eine unerwünschte Nuancierung nach der Blondierung?

Abb. 3: Beispielaufgabe zur Überprüfung auf ihre Kontextmermale (Ausfelder et al. 2010, S. 125)

Diese Aufgabe zielt darauf ab, die Schülerinnen und Schüler dazu zu befähigen,

> „[u]nter Berücksichtigung des Haar- und Kopfhautzustandes sowie des Kundenwunsches […] ein Beratungskonzept zur […] oxidativen Farbveränderung [zu] entwickel[n]. Auf der Grundlage der Kenntnisse über chemische Prozesse und technologische Möglichkeiten entscheiden sie sich für den verantwortungsbewussten Einsatz geeigneter Präparate und Methoden" (Ministerium für Schule und Weiterbildung des Landes Nordrhein-Westfalen, 2010, S. 13).

Diese leicht gekürzte Zielformulierung aus dem Rahmenlehrplan beschreibt jene zu dem entsprechenden berufsbezogenen Lernbereich der „Farb- und Formveränderung" von Haaren. Auf den ersten Blick scheint sie in Form der Umsetzung dieser Aufgabenstellung sehr gelungen. Nähere Hinweise zum Lernpotenzial der Aufgabe gibt jedoch die nun folgende Analyse ihrer Kontextebene.

Authentizität: Darstellungsform und Komplexität

An dieser Stelle soll anhand der *Darstellungsform* und der *Komplexität* der Beispielaufgabe überprüft werden, wie authentisch und somit glaubwürdig diese für die Lerner ist.

Die *Darstellungsform* der Aufgabe ist schriftlich und in mehrere Teilfragen untergliedert. Sie behandelt verschiedene Teilaspekte zum Thema „Haaraufhellung". Aufbauend auf die vorangestellten Inhalte im Lehrbuch, ist sie eigens für die Schülerinnen und Schüler konzipiert worden. Die Aufgabe wird nicht, wie in idealisierter Form im Theorieteil beschrieben, über *publizistische Medien* an die Lernenden herangetragen. Nichtsdestotrotz ist auf inhaltlicher Ebene, bedingt durch die Berufsausbildung der Lerner, ein Handlungs- und somit Kontextbezug zuerkennen, welcher der Authentizität und folglich der Glaubwürdigkeit der Aufgabe zugutekommen kann.

Auf der Kontextebene der inhaltlichen *Komplexität* erscheint die Aufgabe angemessen, sofern die Lerner bereits über ein fundiertes chemisches Wissen und Verständnis bezüglich des Haaraufhellungsprozesses verfügen. Dieser wird im vorangestellten Buchkapitel des Lehrbuchs eingehend behandelt und sollte daher im Unterrichtsverlauf bereits behandelt worden sein. Die *Informationsdichte* bezüglich der Kontextinhalte ist insofern gegeben, als in der Aufgabenüberschrift die verschiedenen Möglichkeiten der Haaraufhellung genannt werden. Um jedoch einen noch näheren Bezug zum Berufsalltag herstellen zu können, wäre es ratsam, diese Informationen in einen Kontext einzubetten, wie er beispielsweise im Friseursalon stattfinden könnte. So könnte ein Fallbeispiel die Authentizität der Aufgabe erhöhen. Ein mögliches Beispiel hierzu wäre:

> *„Eine Neukundin möchte ihr Haar aufgehellt bekommen. Sie informieren sie über die Möglichkeiten und Unterschiede einer oxidativen Haarfarbe, einer Hellerfärbung und einer Blondierung zur Haaraufhellung."*

Anschließend könnten die Teilfragen a) bis e) auf diesen Kontext aufbauend gestellt werden. Diese Teilfragen führen zu der im theoretischen Teil genannten *Vernetzung* einzelner Teilprobleme zu einem Gesamtkontext, welcher, bezogen auf das eben genannte Fallbeispiel, ein Kundengespräch sein könnte. Somit werden die Lerner auch gleichzeitig dazu angehalten, einen geeigneten *Weg zur Lösung* der Aufgabe zu erarbeiten.

Die durchgeführte Analyse in Bezug auf die Authentizität und Glaubwürdigkeit der Beispielaufgabe führt zu dem Schluss, dass Verbesserungspotenzial hinsichtlich der Dichte an Kontextinformationen besteht. Dessen ungeachtet ist jedoch auf rein inhaltlicher Ebene ein Handlungs- und somit Kontextbezug zuerkennen, welcher der Authentizität und folglich der Glaubwürdigkeit der Aufgabe zugutekommen kann. Die Glaubwürdigkeit und Authentizität des vorliegenden Kontextes scheint aufgrund der angemessenen Komplexität der Aufgabenstellung gegeben zu sein. Eine mögliche Überforderung auf der Schülerebene erscheint daher gering und kann somit nur dann Bestand haben, wenn die zugrundeliegenden chemischen Fachinhalte unbekannt sind.

Bekanntheit: Art, Aktualität und Häufigkeit

Bezogen auf die Bekanntheit des Kontextes und vor dem Hintergrund des Berufsbezuges lässt sich der Kontext der Beispielaufgabe als solcher der *Alltäglichkeit* spezifizieren. Diese Aussage wird im Folgenden anhand der Ausprägung der *Häufigkeit*, *Art* und *Aktualität* des Aufgabenkontextes erläutert.

Bezieht man den Aufgabeninhalt des Haaraufhellens auf den Alltag im Friseursalon, so können die Lerner bezüglich der *Art* des Erlebten spätestens ab dem zweiten Ausbildungsjahr auf „Primärerfahrungen", also unmittelbare Erfahrungen ihres beruflichen Alltags, zurückgreifen. Die Lerner sind zwar bereits von Beginn ihrer Ausbildung mit der Thematik des Haaraufhellens in Kontakt, können diese aber ab dem zweiten Ausbildungsjahr vor dem Hintergrund der schulisch erlernten chemischen Prozesse unmittelbar und bewusst mitverfolgen und wahrnehmen.

Wie bereits angedeutet, gewinnt der Kontext der Beispielaufgabe spätestens ab dem zweiten Ausbildungsjahr auf Seiten der Lerner zunehmend bewusst an Aktualität. Die immer wiederkehrenden Primärerfahrungen des Haaraufhellens im Friseursalon führen zu einer *Häufigkeit* des erlebten Kontextes und somit wiederum dazu, dass eine Vertrautheit mit der Situation entsteht, welche sich authentisch auf den Aufgabenkontext auswirken kann. Letzten Endes können diese Punkte sich durch ein gesteigertes Interesse positiv auf die Lerner auswirken.

Da sich die *Aktualität* des Kontextes, sofern er Medienpräsenz hat, positiv auf die Lerner auswirken kann, besteht allerdings die Gefahr, dass die „alltägliche Aktualität" des Haaraufhellens als nicht besonders und somit als eintönig empfunden werden könnte. Die Lerner könnten darauf wiederum mit Desinteresse reagieren.

Zusammenfassung der Ergebnisse

Die Analyse der Beispielaufgabe hat ergeben, dass allein aufgrund des Berufsbezuges der Aufgabenstellung eine Kontextualisierung des Inhalts gegeben ist, wenngleich die Darstellungsform der Aufgabe hinsichtlich ihres beruflichen Kontextbezugs Verbesserungspotenzial aufweist. Eine Gefahr bezüglich der Bekanntheit des Kontextes ist jene, dass der Mangel an Besonderheit der immer wiederkehrenden, vertrauten beruflichen Kontexte zu Desinteresse und somit letztlich zum Ausbleiben des Lernerfolgs führen könnte.

Fazit: Kontextmerkmale in Aufgabenstellungen für angehende Friseurinnen und Friseure

Grundsätzlich lässt sich festhalten, dass Kontextmerkmale in Aufgabenstellungen für angehende Friseurinnen und Friseure allein aufgrund der KMK-Zielformulierung des handlungsorientierten Fachunterrichts an der Berufsschule gegeben sind und in dem ausgewählten Lehrwerk ihre Umsetzung finden. In der dargestellten Beispielaufgabe gibt es jedoch neben der Darstellungsform des Kontextes auch Verbesserungspotenzial in puncto der Aktualität der Situation. So empfehlen van Vorst et al. (2014) für den naturwissenschaftlichen Unterricht an allgemeinbildenden Schulen, dass auch das aktuelle private oder soziale Umfeld entsprechend in einen Aufgabenkontext einfließen sollte. Ohne diese außerberuflichen Einflüsse stellt sich an dieser Stelle somit die Frage, ob der Kontextbezug trotzdem das Schülerinteresse zu wecken imstande ist. Demnach könnte eine ideale Aufgabenstellung für angehende Friseurinnen und Friseure bestenfalls nicht allein in ihren beruflichen Kontext eingebettet sein, sondern ebenso ihr privates und soziales Umfeld miteinbeziehen, um der Gefahr des ausbleibenden Interesses aus dem Wege zu gehen. Zusammenfassend bedingt die Bekanntheit eines Kontextes also zwar die Authentizität desselben, jedoch bleibt fraglich, ob ein alleiniger Bezug auf den beruflichen Alltag ausreichend ist. Wie diese Frage im Speziellen und hinsichtlich der Aufgabenkontextmerkmale beantwortet werden könnte, bleibt in dieser Arbeit unbeantwortet und bietet daher Potenzial zur tieferen Auseinandersetzung in weiteren Studien zur Lernleistungsverbesserung und dem Interesse von Lernern, die sich im dualen System der beruflichen Bildung befinden.

Literaturverzeichnis

Ausfelder V., Busch, B., Hoffmann B., Klockler, G., Maaß D., Noack D. & Schwamborn, S. (2010). *Salon 3000 – Fachbildung für Friseurinnen und Friseure.* Westermann: Braunschweig.

Bennett, J. (2003). *Teaching and learning science: A guide to recent research and its applications.* London: Continuum.

Bennett, J., Gräsel, C., Parchmann, I., & Waddington, D. (2005). Context-based and conventional approaches to teaching chemistry: comparing teachers' views. *International Journal of Science Education, 27*(13), 1521-1547.

Dorschu, A. (2013). *Die Wirkung von Kontexten in Physikkompetenztestaufgaben. Studien zum Physik- und Chemielernen* (Bd. 150). Berlin: Logos.

Duden (2000). Die deutsche Rechtschreibung. 22., neu bearb. u. erw. Aufl. Mannheim u. a.: Dudenverlag.

Fechner, S. & Kauertz, A. (2013). *Merkmale von Kontexten in Chemie und Physik.* In S. Bernholt (Hrsg.), Inquiry-based Learning – Forschendes Lernen, Band 33, S. 308-310. Kiel [Online], URL:http://www.gdcp.de/images/tagungsbaende/GDCP_Band33.pdf [29.03.2015]

Finkelstein, N. (2005). Learning physics in context: A study of student learning about electricity and magnetism. *International Journal of Science Education, 27*(10), 1187-1209.

Kuhn, J. (2010). *Authentische Aufgaben im theoretischen Rahmen von Instruktions- und Lehr-Lern-Forschung: Optimierung von Ankermedien für eine neue Aufgabenkultur im Physikunterricht.* Wiesbaden: Vieweg + Teubner Research.

Merzyn, G. (2008). *Naturwissenschaften, Mathematik, Technik – immer unbeliebter* Baltmannsweiler: Schneider Verlag Hohengehren.

Ministerium für Schule und Weiterbildung des Landes Nordrhein-Westfalen (Hrsg.) (2010). *Lehrplan für das Berufskolleg in Nordrhein-Westfalen Friseurin/Friseur, Fachklassen des dualen Systems der Berufsausbildung.* Düsseldorf: Ritterbach [Online], URL:http://www.berufsbildung.schulministerium.nrw.de/cms/upload/_lehrplaene/a/friseur.pdf

Van Vorst, H., Dorschu, A., Fechner, S., Fischer, H., Kauertz, A., Krabbe, H., Sumfleth, E. (2014). *Ein Bezugssystem zur Charakterisierung und Strukturierung von Kontexten im naturwissenschaftlichen Unterricht.* In Zeitschrift für Didaktik der Naturwissenschaften, Band 20, Ausgabe 1, S. 1-11. Berlin, Heidelberg [Online],

URL:http://download.springer.com/static/pdf/229/art%253A10.1007%252Fs40573-014-0021-5.pdf?auth66=1427733045_795e4a492a9de0f0c8ab33f1ec6c8205&ext=.pdf [29.03.2015]

Van Vorst, H., Fechner, S. & Sumfleth, E. (2013). *Kontextmerkmale und ihr Einfluss auf das Schülerinteresse im Fach Chemie.* In S. Bernholt (Hrsg.), Inquiry-based Learning – Forschendes Lernen, Band 33, S. 311-313. Kiel [Online],

URL:http://www.gdcp.de/images/tagungsbaende/GDCP_Band33.pdf [29.03.2015]

BEI GRIN MACHT SICH IHR WISSEN BEZAHLT

- Wir veröffentlichen Ihre Hausarbeit,
  Bachelor- und Masterarbeit

- Ihr eigenes eBook und Buch -
  weltweit in allen wichtigen Shops

- Verdienen Sie an jedem Verkauf

Jetzt bei www.GRIN.com hochladen
und kostenlos publizieren